神秘莫测的宇宙

主编/ 付振轩

新疆文化出版社

图书在版编目（ＣＩＰ）数据

神秘莫测的宇宙 / 付振轩编. –– 乌鲁木齐：新疆
文化出版社, 2023.11
ISBN 978-7-5694-4081-2

Ⅰ.①神… Ⅱ.①付… Ⅲ.①宇宙 – 青少年读物
Ⅳ.①P159-49

中国国家版本馆CIP数据核字(2023)第218355号

神秘莫测的宇宙
Shenmimoce De Yuzhou

主　编	付振轩
选题策划	郑小新
出版策划	盛世远航
责任编辑	张炜炜
排版设计	京京工作室
出　版	新疆文化出版社
地　址	乌鲁木齐市沙依巴克区克拉玛依西街 1100 号（邮编 830091）
发　行	全国新华书店
印　刷	三河市九洲财鑫印刷有限公司
开　本	787 mm×1 092 mm　1/16
印　张	8.5
字　数	135千字
版　次	2023年11月第1版
印　次	2023年12月第1次印刷
书　号	ISBN 978-7-5694-4081-2
定　价	79.00元

前　言

　　浩瀚宇宙，广袤星空，深藏多少不为人知的秘密，一直以来吸引着无数人好奇和探究的目光，太阳为什么会发光、天上的星星有多少、地球为什么会转动……带着这些稀奇古怪的问题，为满足广大小读者的好奇心，《神秘莫测的宇宙》与你一起漫游太空，发掘宇宙秘密。

　　在古代，人们通过天象预测未来天气变化，通过星斗位置判定南北方位，发明了地动仪预测地震，而伴随着人类历史上第一台天文望远镜的发明，人类探索宇宙的脚步更向前迈进了一大步，人们能够从视野中观察宇宙中的星体，同时也对宇宙的奥秘更加好奇。翻开书本，八大行星迎面而来：华丽的土星、蔚蓝色的地球、暖橙色的火星、海蓝色的水星一一展现在眼前，仿佛身处变幻莫测、美丽神奇的宇宙中，宏伟而美丽！不仅如此，本书还教会你认识什么叫星等，原来星星的明亮程度也有等次之分；让你知道了日食、五星连珠是如何形成的；星球是怎样诞生的；更会让你仿若置身于虫洞，期待来一次星际环宇之旅。本书以生动的文字描述了宇宙奇闻趣事，用精美的图片揭开了宇宙神秘面纱，极大地满足了我们的好奇心和求知欲，又为我们留下了无尽的想象空间。

　　本书全方位、多角度地介绍宇宙世界的各种奇观现象以及种种令人费解的未解之谜，激发小读者对宇宙产生多种的猜测和幻想，也期待更多的天文爱好者去探索更多的宇宙奥秘……

目录

目录

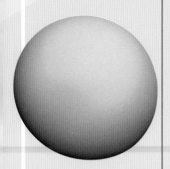

目录

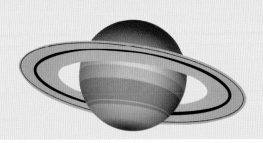

第一章

浩瀚宇宙

宇宙的起源——
大爆炸学说

几百年来，科学家对宇宙的起源进行了许多的推论和猜想，其中最被人们广为接受的宇宙终极起源理论就是"宇宙大爆炸学说"。1927年，比利时天文学家和宇宙学家勒梅特首次提出了"宇宙大爆炸学说"，认为大约在138亿年前，宇宙所有的物质都高密度地集于一个体积很小、温度极高、密度极大的原始火球。后来原始火球发生了大爆炸，物质开始向外大膨胀，

档案

名称：宇宙大爆炸学说
提出时间：1927年
类别：天文学说
特点：致密炽热的奇点膨胀爆炸.

最终形成了我们现在的宇宙。在这138亿年中先后诞生了星系团、黑洞和星系等。

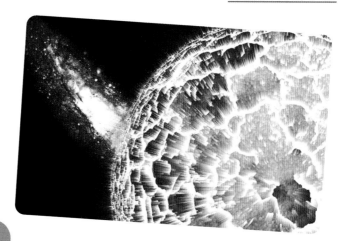

宇宙的形状

　　通过模拟宇宙形成初期的景象，天文学家证实了这样一种观点，这也是到目前为止受到普遍认可的观点，即宇宙的形状是扁平的，而且一直处于不断膨胀的状态。但这种说法也不尽完美，有科学家认为既然光从大爆炸后开始向四周广泛传播，而光在宇宙中的实际传播路线是接近于球形的，那么，宇宙很可能也是球形的。此外，一些天文学者甚至认为宇宙是轮胎形的，也有的说是克莱因瓶形的。至于宇宙到底是什么形状的，目前为止仍没有明确的答案，有待于人类的进一步探索和研究。

早在1910年前后，天文学家就发现大多数星系的光谱有红移现象，个别星系的光谱还有蓝移现象。这些现象可以用多普勒效应解释：远离地球而去的光源发出的光，其频率降低，波长变长，并出现光谱红移的现象，即光谱的谱线会向长波方向移动。反之，迎面而来的光源发出的光，光谱的谱线会向短波方向移动，因此出现蓝移现象。如果认为星系的红移、蓝

档案

名称：红移
发现时间：1842 年
类别：天文现象
特点：物体的电磁辐射由于某种原因频率降低

移是多普勒效应，那么大多数星系都在远离地球而去，只有个别的星系在向地球靠近。

与红移相反的蓝移现象

蓝移，即一个正向观察者移动的物体所散射的电磁波的频率在光谱线上向蓝光方向移动。如果对应的星球是逐渐靠近地球的，就会发生蓝移现象，靠近地球的速度越快，蓝移的幅度就越大。同在本星系群的仙女座星系正在向银河系移动，所以从地球的角度看，仙女座星系发出的光有蓝移现象。

宇宙为什么是黑的

档案

名称：奥伯斯佯谬
发现时间：1823 年
类别：天文现象
特点：黑夜与白天一样亮

在夜空下，我们除了可以看到天空中的月亮和星星外，其余都是一片漆黑。为什么宇宙是黑的呢？

根据哈勃定律，宇宙的膨胀速度会随着距离的增加而变快。需要注意的是，这个速度是可叠加的，这就意味着那些与地球距离非常遥远的恒星，因为宇宙膨胀而远离地球的速度将会超过光速。正因为如此，它们发出的光线永远都到不了地

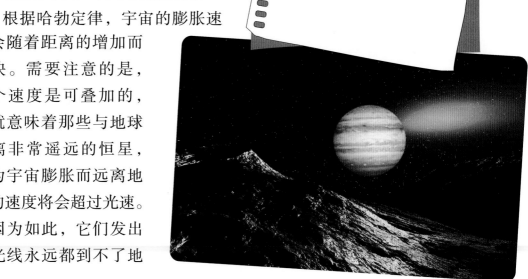

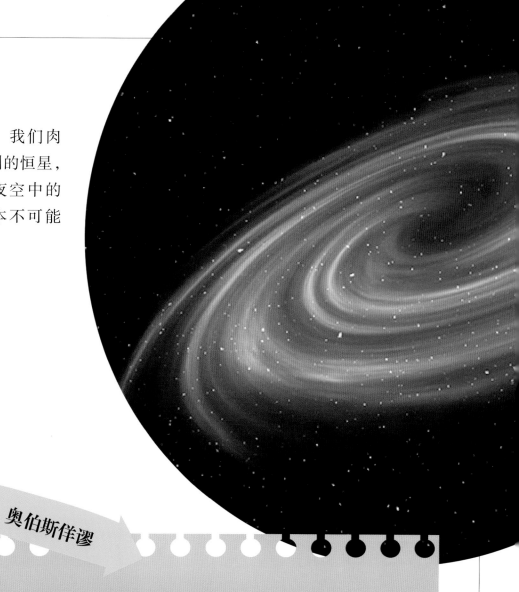

球。所以，我们肉眼能够看到的恒星，只能作为夜空中的点缀，根本不可能照亮宇宙。

奥伯斯佯谬

1823年，德国天文学家奥伯斯提出了著名的"奥伯斯佯谬"。他指出既然宇宙是无限的，并且拥有无穷无尽的能够发光的恒星，那么人类无论向宇宙中的哪个地方看，都可以看到无数的星光汇集而来，因此宇宙应该是明亮的。但人类观测到的现象恰恰相反。

神秘的隐士——
黑洞

黑洞，虽存在于宇宙中，却不如恒星、行星那么普遍。相比之下，黑洞更像从地狱来的使者，凡是接近它的物体，都会被撕碎、吸入。之所以说它"黑"，是因为它产生的引力会不断吸收身边的物质，它周围的光也都被吸收，即使用最先进的望远镜也看不到黑洞。其实黑洞跟中子星一样，是由一些质量大于太阳几十倍甚至几百倍的恒星"灭亡"后所形成的死星。

档案

名称：黑洞
发现时间：1970 年
类别：天文学说
特点：吞噬邻近宇宙区域的所有光线和任何物质

它的体积不大，质量和引力却是无穷大的。

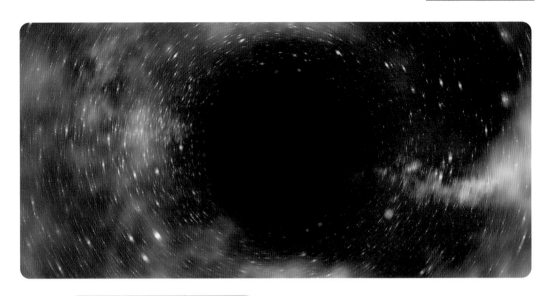

🔍 黑洞的能量有多大

黑洞的能量效率，是人类发明的最有效能量形式——原子能的25倍。如果汽车发动机能达到黑洞能量的效率，1升汽油就能跑3.55亿千米！从环保角度来说，黑洞是宇宙中最清洁、最高效的绿色能量来源。

虫洞
真的只是一个猜想吗

长期以来，人们认为虫洞仅仅存在于科幻电影之中，与现实生活毫不相关。1930年，爱因斯坦及纳森·罗森在研究引力场方程时，一起提出了"虫洞"理论，因此这个理论又叫作"爱因斯坦—罗森桥"。一般情况下，人们口中的"虫洞"是"时间虫洞"的简称，它被认为是宇宙中可能存在的"捷径"，物体通过这条捷径可以在瞬间进行时空转移。直到今天，科学家也没有发现任何一个虫洞或者看起来像虫洞的天体。不过，"虫洞"理论一直在

档案

名称：虫洞
发现时间：1930 年
类别：量子物理学
特点：连接两个不同时空的狭窄隧道

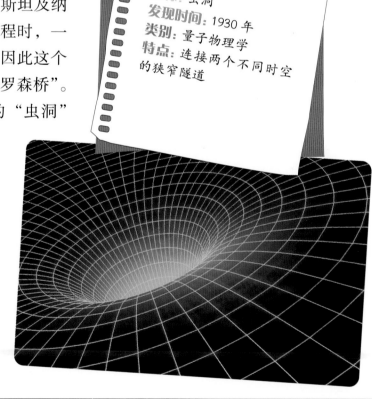

发展，或许有一天，我们会像见证黑洞一样，发现虫洞就藏在距离地球不远的地方。

星际旅行的时空隧道

　　天体物理学家认为虫洞是一种天然的时间机器，维持虫洞的开放可以使我们回到过去或者进入未来，当然还没证据显示宇宙中存在"宏观虫洞"。爱因斯坦本人也认为，虽然自己提出了这个理论，但这不代表虫洞就是真实存在的。因为虫洞并不稳定，出现的一瞬间就会崩塌，无法用来进行星际旅行。

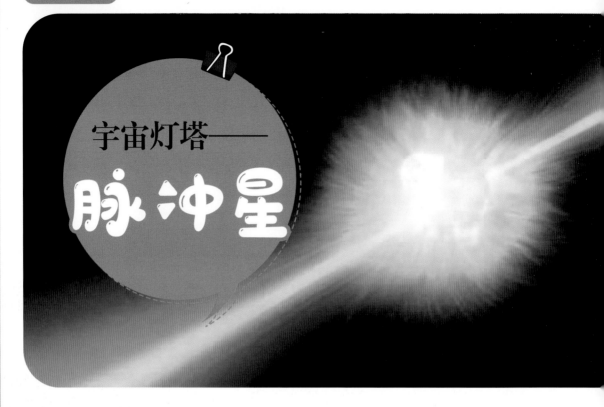

宇宙灯塔——
脉冲星

脉冲星是一类快速旋转、辐射电磁波的中子星。脉冲星也被认为是"死亡之星"，是大质量恒星在超新星阶段爆发后的产物。脉冲星在旋转过程中，磁极有规律地向外界辐射电磁波，犹如航海中的灯塔向外发光，故脉冲星被誉为"宇宙中的灯塔"。它们的自转速度是有规律的，因此这种闪烁通常非常精确。

档案

名称：脉冲星
发现时间：1967 年
类别：中子星
特点：不断地发出电磁脉冲信号

小绿人一号

第一颗脉冲星是由24岁的乔丝琳·贝尔在1967年发现的。当时，贝尔是英国射电天文学家安东尼·休伊什教授的一名女研究生，她发现了来自狐狸星座的、具有极短周期的射电脉冲信号。据说，第一颗脉冲星就曾被叫作"小绿人一号"，但在接下来不到半年的时间里，又陆续发现了数个类似的脉冲信号。后来科学家发现这是一类新天体，并命名为脉冲星。

宇宙巨眼——

菲力可斯星云

档案

名称：菲力可斯星云
发现时间：1824 年
类别：行星状星云
特点：最接近地球的行星状星云之一

菲力可斯星云是由质量比太阳大3倍的超新星爆炸所形成，直径有2.5光年。2009年2月，科学家拍摄到该星云的奇异景象，形状看起来像一只巨大的眼睛。

这只"眼睛"距离地球约650光年。从地球上看，菲力可斯星云似乎是气泡状的，但其实际形状是圆筒形。中央闪烁的恒星是一颗超级炽热的白矮星。这片星云正在

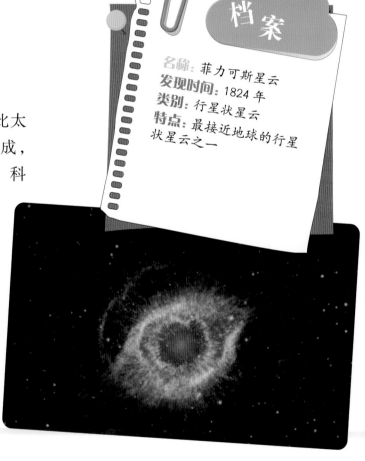

12000℃的高温下剧烈燃烧，强大的热浪将外围数以千计的彗星推向外星空。

星际尘埃为什么是红色的

2010年3月，美国宇航局红外探测器捕捉到绚丽的宇宙深空美景，这些花朵状的宇宙尘埃中有大量新诞生的恒星，天文学家将这一美景比作"宇宙玫瑰"。星际尘埃之所以呈现红色，是恒星释放出的热量所导致的，而恒星云边缘物质则呈现为绿色。

神奇的"宇宙岛"

在科技发展的过程中，人类总能发现许多新兴事物，令人为此惊叹，而宇宙岛就属于其中之一。科学家认为在宇宙产生之初，出现了不均匀的物质。后来在宇宙膨胀过程中，这些不均匀的物质由于引力的作用，逐渐收缩成一座座"岛屿"，这就是星系，人们将其形象地称作"宇宙岛"或"岛宇宙"。1755年，德国哲学家康德提出宇宙中有无限多的星系，这就是

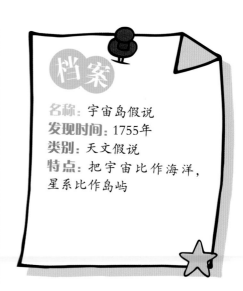

档案

名称：宇宙岛假说
发现时间：1755年
类别：天文假说
特点：把宇宙比作海洋，星系比作岛屿

宇宙岛假说的渊源。天文学家观测到许多雾状的云团，便猜测可能是由很多恒星构成的。只是离得太远，人们无法一一分辨出来。

宇宙岛与河外星系

20世纪，在美国引起了关于宇宙岛的争论。天文学家柯蒂斯认为宇宙岛是河外星系，否则它们就是银河系的成员。另一位天文学家沙普利提出不同的观点。后来，哈勃进行了更精确的测量，证明了河外星系的存在。这样，关于宇宙岛的争论才告结束。

朦胧的天体——
鬼星团

档案

名称： 鬼星团
发现时间： 1610 年
类别： 星团
特点： 散发出的光亮呈现青白色

鬼星团位于巨蟹座，因其位置在鬼宿而得名，又称蜂巢星团，中国古代称为积尸气。大约在1610年，意大利科学家伽利略用自制的约30倍的天文望远镜观测到了鬼星团。此后，人们进一步知道鬼星团距离地球约520光年。在13光年的范围内，有200余颗恒星。这种稀疏的恒星团叫作"疏散星团"。鬼星团在梅西耶星团和星云表中排列为第44号，所以天文上也叫作"M44"。又因其形象似蜂窝，所以英文名叫作Beehive

（蜂巢）。据天文学家推测，这个蜂巢星团大约是3亿年前诞生的，是个年轻的疏散星团。

🔍 四天体"围捕"鬼星团

2005年5月31日，西方夜空中出现了一幅奇妙的画面：月亮、土星、火星及灶神小行星聚集在巨蟹星座内，演绎出四天体"围捕"鬼星团的神奇天象，让人终生难忘。

宇宙中的"雾霾"——星际尘埃

档案

名称：星际尘埃

类别：宇宙物质

特点：由众多细小粒子组成的一种固态尘埃

夏夜，当我们仰望星空，天上最美的就是银河系了，璀璨星河，银光闪烁。仔细观察，还会发现在繁星中密布着很多像乌云一样的暗条。这些暗色的云就是银河系中的"雾霾"，被天文学家称之为"星际尘埃"。研究发现，星际尘埃中包括了碳、硅酸盐和冰状物。它们在太空中漂浮，是直径几微米到几百微米的固体颗粒，大小不等。

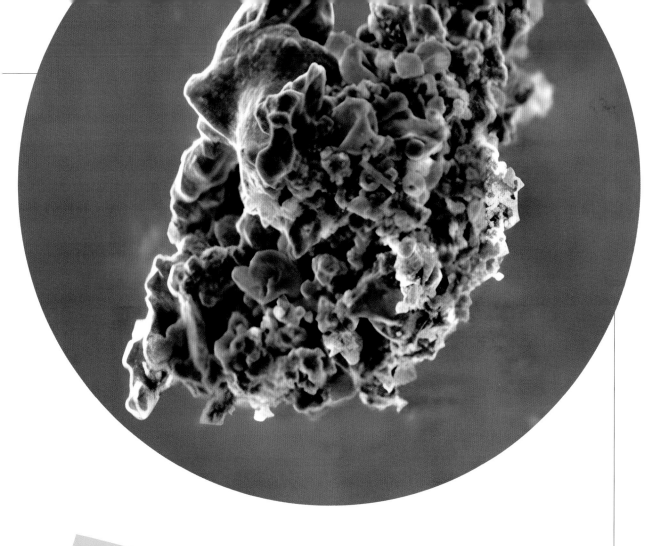

星际尘埃与地球气候

经过研究，科学家发现，在45.8万年前至25.3万年前，星际尘埃沉积数量的增减非常有规律，大约10万年为一个周期。这一周期性规律与地球气候的变化恰好吻合。星际尘埃增多之际也是地球气候转暖之时，令人惊异。

宇宙中最冷的地方

档案

名称：飞镖星云
发现时间：1997 年
类别：星云
特点：宇宙中的"冰箱"，迄今所知宇宙中最冷的地方。

1997年美国和瑞典的天文学家发现，恒星死亡前喷发出的气体形成的飞镖星云，是迄今所知宇宙中最冷的地方。

为确定飞镖星云的具体温度，研究人员将来自飞镖星云内一氧化碳的微波信号和宇宙背景辐射中的信号进行比较，发现飞镖星云的信号更弱。这表明飞镖星云的温度低于宇宙基础温度-270℃。目前，除了实验室取得的人造低温外，在自然界中从未发现过比飞镖星云温度更低的地方。

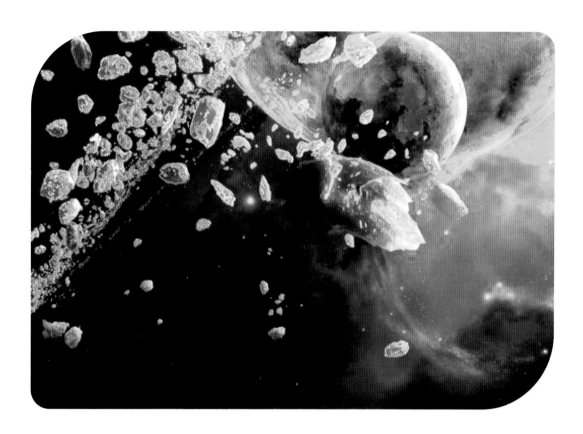

太阳系中最冷的行星

也许会有很多人说太阳系中最冷的行星应该是冥王星，毕竟它离太阳最远。但是在2006年冥王星不再被归类为一颗行星，而是归类为一颗矮行星。因此，太阳系中最冷的行星宝座已经让给了海王星，海王星气温常骤降至-218℃。

宇宙未来的命运

档案

名称：宇宙
特点：所有空间、时间、物质的总称

宇宙会不会"死亡"？会不会因为突然发生一次史无前例的大爆炸而消亡？

在宇宙中，有一种最神秘、最丰富的暗能量，占据了宇宙68.3%的质能。物理学家认为因大爆炸而产生的宇宙膨胀正在减缓甚至停止。但是在此后的观察中，却发现其实宇宙的膨胀正在加速，而且速度惊人。照这个速度下去，最终，暗能量会强大到推动星系之间发生一系列分崩离析，最终撕裂宇宙间存

在的一切，使宇宙最终走向灭亡，这就是关于宇宙未来命运的"大撕裂假说"。

此外，还有一种"大吞噬"的假说，最终宇宙中的黑洞会逐渐吞噬掉所有天体和物质，大黑洞再吞噬小黑洞，最终整个宇宙只剩下一个超级大黑洞。这种假想是无稽之谈，因为黑洞只会吞噬掉进它视界内的物质，而且黑洞在吞噬物质的过程中，也会产生新的恒星和星系。

根据科学家利用天文望远镜获得的最新观测结果显示，宇宙最终不会爆炸，而是逐渐衰变成永恒的、冰冷的黑暗。这似乎太骇人听闻了，

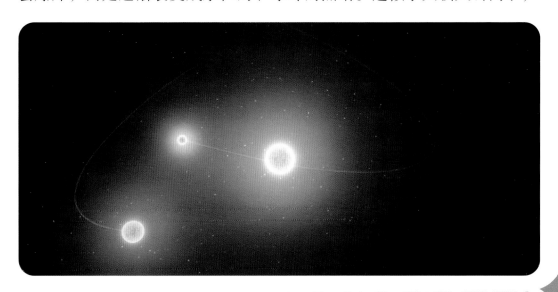

然而我们没有必要杞人忧天，因为人类暂时不会被宇宙"驱逐出境"。据推测，宇宙很可能将目前这种适于生命存在的状态至少再维持1000亿年，这个时间相当于地球历史的20倍，或者相当于人类历史的500万倍。不管宇宙在亿万年之后的情形怎样，它对我们的生活都不会有丝毫的影响。

宇宙运动规律且和谐

人们之所以对宇宙未来的命运担心，最主要的因素还是在于人们对人类命运的关心。人类将在宇宙中扮演什么角色呢？难道人类注定要灭亡吗？在科技越来越发达的今天，人类已经越来越快地改变着地球，开始操纵着自己的生存环境，也许到那时，人类会凭借自己的聪明才智获胜呢？爱因斯坦在写给一个对世界命运感到担忧的孩子的信中说道："至于谈到世界末日的问题，我的意见是：等着瞧吧！"

第二章

梦幻星空

星星离我们有多远

档案

名称：星星

类别：恒星、行星

特点：夜晚天空中闪烁发光的天体

　　夜空中肉眼可见的星星绝大部分是恒星。根据平方反比定律，光照强度会随着距离的平方线性衰减，因此当恒星与地球的距离达到一定程度的时候，用肉眼就很难看到它们了。在不借助任何观测工具的情况下，在夜空中看到的大多数恒星与地球之间的距离在5000光年之内。如果恒星本身的光度很高，这个范围还是可以再大

一些的。例如，位于船底座的恒星"海山二"，其总体光度是太阳的550万倍左右，以至

于即使它距离地球7500～8000光年，人类也可以看到它。"海山二"通常被认为是距离地球最远的肉眼可见的恒星。

🔍 地球和星星的距离

月亮是地球的卫星，是距离地球最近的星球，与地球的平均距离只有38万千米。从地球上看，太阳是最大的一颗星星，距地球1.5亿千米。水星、金星、火星、木星、土星等行星都是地球的邻居，距离地球都不算太远。在太阳系八大行星中，海王星是离地球最远的，与地球的距离最近时也有差不多44亿千米。除了以上这些星星外，其他星星与地球的距离就更远了。

天上的星星

知多少

名称：恒星

特点：恒星的亮度和它的温度有着密切的关系

每个人在孩提时代，大概都会有在繁星满天的夜晚，仰望天空数星星的经历，一颗、两颗、三颗……可总也数不清。这或许是人类探求未知的本能使然。其实，天空中肉眼能看清的星星，是完全可以数清的，总共为6974颗，即使加上水星、金星、火星、木星、土星等行星和太阳，也不过是6980颗。当然这只限于肉眼可见的星星，并不是天上实际的星星数。即使用直径为5米的天文望远镜来观测星星，所能见到的星星也只是沧海一粟，茫茫宇宙中的恒星实际上是难以计数的。

星等的划分

　　天文学家用星等来区分星星的明亮程度，星等越小星越亮。比1等星更亮的定为0等，比0等星更亮的则冠以负星等。例如，全天最亮的恒星天狼星的亮度是-1.45等，太阳是-26.8等，满月的亮度是-12.6等，金星最亮时可达-4.8等。

星星的颜色

档案

名称: 行星

特点: 自身不发光，环绕着恒星运转

在晴朗的夜晚，我们看到天空中星星的颜色没有多大区别，基本上都是黄白色的。但实际上，星星的颜色是不同的。如果用望远镜观察这些星星，就会发现它们有各种颜色，非常漂亮。

星星表面的温度不同，发出的光的颜色就不同。比如，发白色光的星星表面温度很高，可达11500℃以上；发红色光的星星，表面温度达

2600℃~3600℃；发蓝色光的星星，表面温度达25000℃~40000℃。而太阳表面温度约

6000℃，看上去是黄色的。因为地球距离星星非常远，加之大气层的折射作用，所以用肉眼看不到星星五颜六色的光。

美丽的星云

　　除了行星和恒星之外，宇宙中还存在不计其数的星云、星系等天体。这些星云和星系也是星空色彩的重要组成部分。红色星云为发射星云，其中的红色来自氢辐射，绿色则来自氧，黄、褐等颜色来自硫和其他离子。蓝色星云则为反射星云，其中蓝光被星云中的物质颗粒大量散射，而红光大部分可以透射出去。

双星伴月

名称: 双星伴月
类别: 金木合月、金土合月
特点: 月亮会依次经过一些明亮的行星

双星伴月实际上就是两个星体和月亮,如金星、木星和月球,或者土星、木星和月球同时出现在夜空中的一种现象,又叫"金木合月"。双星伴月,是由于距离地球最近的行星——金星在运行中由西向东追赶木星,先是金星追上木星,两者相距最近,然后月亮追上木星。当三者距离最近时,呈现出既是"双星伴月",又是"三星一线"的特殊天象。

木星、金星和月亮近在咫尺,这是一种视觉现象。实际上,它们之间相距十分遥远,比地球和月球的距离远很多倍。

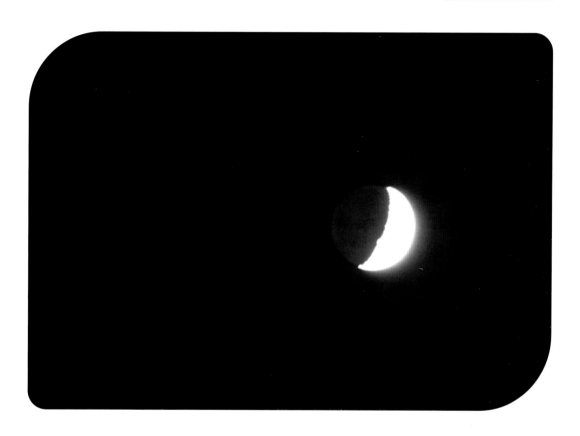

什么是蓝月亮

　　蓝月亮，并非指蓝色的月亮，而是指一种天文现象，但部分地区由于环境的改变也能看到蓝色的月亮。在天文历法中，当一个月出现两次满月时，第二个满月就被赋予一个充满神秘浪漫色彩的名字——蓝月亮。

大名鼎鼎的狮子座流星雨并不是狮子座上的流星雨。狮子座流星雨是由一颗叫作坦普尔·塔特尔的彗星所抛撒的颗粒滑过大气层所形成的。因为形成流星雨的方位在天球上的投影恰好与狮子座在天球上的投影重合，在地球上看起来流星雨就好像从狮子座上喷射出来的一样，因此被称为狮子座流星雨。

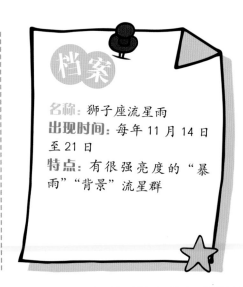

档案

名称：狮子座流星雨

出现时间：每年11月14日至21日

特点：有很强亮度的"暴雨""背景"流星群

星座的由来

　　为了方便标识，1922年，国际天文学联合会做出了统一星区划分的决定，将整个星空划分为88个星座。每个星座均可由其中亮星构成的形状辨认出来。现代星座的名称很多是根据古代神话故事中的人物命名的，如仙女座、猎户座等；也有一些是根据其形态，以动物和器物名称来命名的，如大犬座、罗盘座等。

又白又小的

白矮星

白矮星并不是某一颗星的名字，而是恒星演化的终极形态之一，就像人的一生中被分为幼儿、少年、青年、中年、老年一样，天文学家把恒星的一生也分为早型星、中型星和晚型星三个阶段，而白矮星就属于晚型星这一阶段中的一类。白矮星的"白"与"矮"就是这种恒星的最好写照。"白"，说明其温度高，表面温度比太阳还要高，发出白颜色的光。"矮"，说明其个小，一

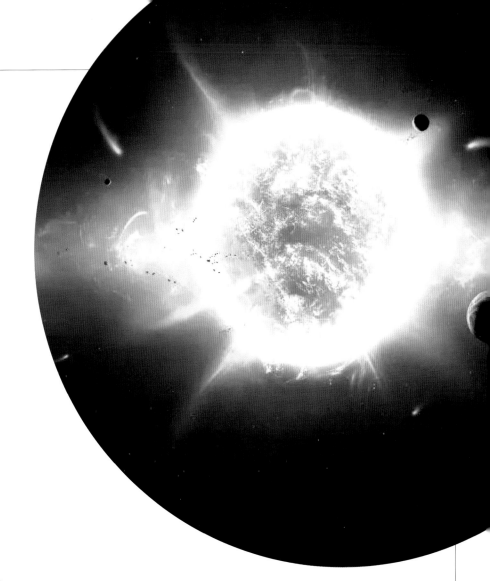

般的白矮星体积同地球不相上下。至于更小的白矮星，有的只有太阳的一千万分之一那么大，但"体重"和太阳差不多。

白矮星的未来

对单星系统而言，由于没有热核反应提供能量，白矮星在发出光热的同时，也以同样的速度冷却着。经过数千亿年的漫长岁月，年老的白矮星将渐渐停止辐射而死去。它们的躯体将变成比钻石还硬的巨大晶体——黑矮星。

寻找

北极星

档案

名称：北极星

类别：恒星（黄巨星）

特点：天空北部的一颗亮星，离北天极很近，几乎正对着地轴

北极星是天空北部的一颗亮星，离北天极很近，几乎正对着地轴，从地球北半球上看，它的位置几乎不变，千百年来地球上的人们正是靠它的星光来导航。人们可以先找到北斗七星，再通过北斗七星找到北极星。在北半球的夜空中，位于北方天空的北斗七星十分显眼，它们排列成勺子状。如果将北斗七星中天璇和天枢的距离估计一下，然后向天枢方向延长大约5倍的距离，可以找到另一颗亮星，这就是北极

星。无论在什么时候观测北斗七星和北极星，都会观测到这样的现象。

🔍 北极星并不是静止不动的

由于地球的自转，而北极星正好处在地球转动的轴上，所以相对其他恒星静止不动。但北极星并不是完全处在北天极正中央位置，实际上它是以很缓慢的速度转圈，相对其他恒星而言，看起来位置不会变化而已。

春季星空——
大熊藏斗狮子吼

档案

名称: 北斗七星
类别: 星群
特点: 位置随季节变化而变化

春季的北半球天空中，最显眼的就是高旋的北斗七星，它们属于大熊座，相当于大熊的身体后部和尾巴。

春季星空，牧夫座的大角星、室女座的角宿一、狮子座的五帝座一，在天空中形成"春季大三角"。春季大三角加上猎犬座的第一亮星（常陈一）所组成的菱形便成了春季星空中耀眼的"春季大钻石"。在希腊古典神话传说中，这是天神宙

斯送给他的姐姐得墨忒尔的礼物。

用北斗星判断季节变化

　　北斗星在不同的季节和夜晚不同的时间，出现于天空不同的方位，所以古人根据初昏时斗柄所指的方向来决定季节。据《鹖冠子·环流》记载："斗柄东指，天下皆春；斗柄南指，天下皆夏；斗柄西指，天下皆秋；斗柄北指，天下皆冬。"

夏季星空——

牛郎织女守银河

天鹅座的两边各有一个很有名气的星座，西北边的是天琴座，东南边的叫天鹰座。在古希腊，人们把天琴座想象为一把七弦宝琴。而在我国，则流传着牛郎和织女的爱情故事。天琴座最亮的星星（天琴α）就是"织女星"，它的旁边由四颗暗星组成的小小菱形就是织女织布用的梭子。织女星是一个标准的0等星，也是全天第五亮星。

夏季星空最主要的

标志"夏季大三角"是由银河两岸的织女星、牛郎星和银河之中的天津四连起来的一个直角三角形。它是夏季认星最好的指南。

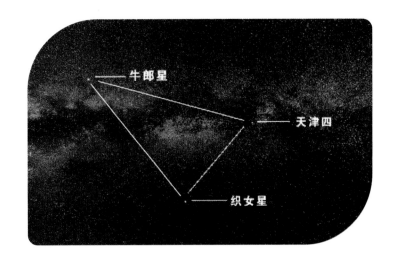

轮流"值班"的北极星

地球自转轴在天空中的指向并不是固定不变的，而是存在长期的微小变化，这在天文学上称为"岁差"。因此，北极星也是轮流"值班"的。据科学家计算，再过12000年，织女星就会成为那时的北极星。

秋季星空——
飞马当空仙女秀

"飞马当空，银河斜挂"是秋季星空的象征。飞马座是秋季星空中十分重要的星座，是一个展翅的骏马形象。飞马座的三颗主星和仙女座头上的壁宿二星构成了一个近似正方形的"秋季大四边形"，也称为"飞马—仙女大方框"，这四颗星中

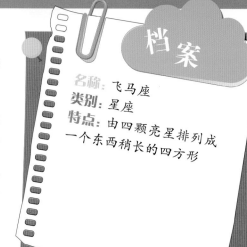

档案

名称：飞马座
类别：星座
特点：由四颗亮星排列成
一个东西稍长的四方形

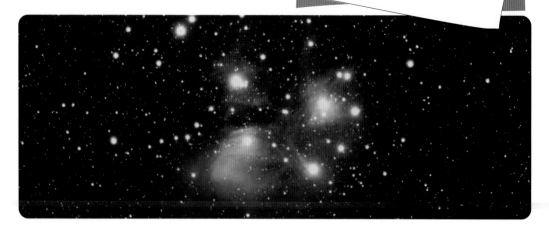

只有一颗星为3等星，其他都是2等星，因而十分醒目。更重要的是，每当秋季飞马座升到天顶的时候，这个大四边形的四条边恰好各代表一个方向，简直就是一台天然的方向定位仪。

古时人们安然过冬的"定心丸"

在我国古代，人们把飞马座的这个四边形看作避风遮雨的住室。每到秋季，人们看到夜空中的四边形后，就知道该修补房屋了，这样才算吃了"定心丸"，能保证度过一个温暖安全的冬天。因此这4颗星也叫作"定星"。

冬夜星空——

赳赳猎户斗金牛

冬季星空极其壮丽，其中猎户座是最具代表性的"冬夜之王"，它和周围许多明亮的星座一起组成了一幅光彩夺目的星空图案。猎户座的主体由参宿四和参宿七等四颗亮星组成一个大四边形。在四边形中央有三颗排成一条直线的亮星，就像系在猎人腰上的腰带。在这三颗星下面，又有三颗小星，像挂在腰带上的剑。猎户座整体形象好似一个雄赳赳的猎人，昂首挺胸，十分壮

观，自古以来一直
为人们所注目。

动如参与商

　　天蝎和猎户分别是夏天和冬天的星座之王，正好在天空的两端，两者一升一落，永远不可能同时出现在天空上。古代称天蝎中部三颗星为"商"，而称猎户腰带上的三颗星为"参"，中国古代诗文中常把"人生不相见"形容为"动如参与商"。

北天银河的标志——
仙后座

档案

名称：仙后座

类别：星座

特点：在高纬度地区仙后座整晚都不会落下，而且跟北斗七星相对

仙后座是一个可与北斗星媲美的星座，其中用肉眼看清的星星至少有一百多颗，但特别明亮的只有六七颗。仙后座中最亮的 β、α、γ、δ 和 ε 五颗星构成了一个英文字母"M"或"W"的形状，这是仙后座最显著的标志。最令人感兴趣的是，仙后座 γ 是一颗蓝巨星，亮度随着恒星气体层的膨胀而变化。仙后座有几个著名的星团，如M52和NGC457两个疏散星团。仙后座可

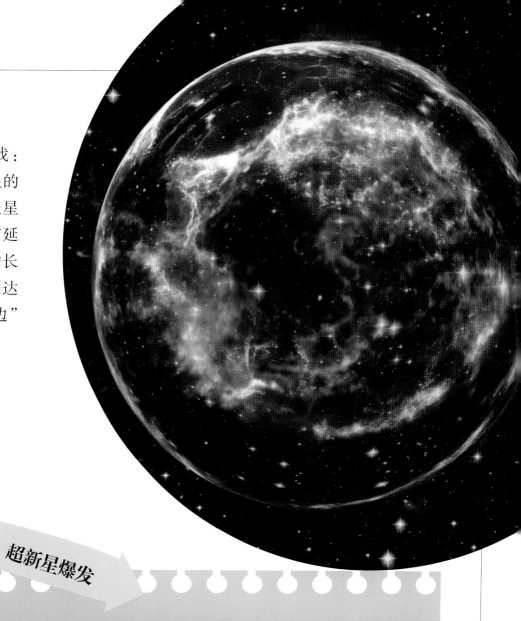

以这样寻找：把北斗七星的天枢和北极星的连线向南延伸约相等的长度，即可到达银河"岸边"的仙后座。

超新星爆发

　　1572年11月11日，仙后座突然出现了一颗在白天都可以看到的新星。这颗星出现三周后，开始慢慢变暗，直到1574年3月，它才从人们的视野中消失。（这种突然出现"亮星"的现象，在天文学上称为"超新星爆发"。）但是380年后，在这个位置上发现了无线波辐射，这是一个强有力的射电源，被称为仙后座B射电源，是超新星爆发后的残余。

神秘的"扫把星"——

彗星

彗星是太阳系中一种云雾状的小天体，分为彗核、彗发、彗尾三个部分。彗星体积不大，一般和地球上的小山差不多，主要由水、氨、甲烷等冻结的冰块和夹杂许多固体尘埃粒子组成，是个名副其实的"脏雪球"。

与古代西方长期以来将彗星当作一种大气现象不同，中国古代的天文学家很早就认识到彗星是一种比较奇特的天体，还给不同外观的彗星起了不同的名字，其中最为常见的就是"彗"。当彗星飞过天际，拖曳长长的尾巴，就像平时使用的

档案

名称：哈雷彗星
发现时间：公元前613年
类别：小天体
特点：呈云雾状的独特外貌，一条稀薄物质流构成的彗尾

扫帚一样。在汉语中，"彗"字本意就是扫帚。"彗"字和彗星的特征非常契合，也十分形象，因此人们有时也称其为"扫把星"。

哈雷彗星

1682年8月，一颗明亮的彗星拖着长尾巴横空出世，当时26岁的英国天文学家哈雷通过对它进行跟踪观测研究得出预言：这是一颗周期约为76年的彗星，所以它将在1758年年底或1759年年初再次出现。他的预言果然应验，为了纪念哈雷的贡献，人们以他的名字命名这颗彗星，这就是著名的"哈雷彗星"。

最神秘的存在——
天狼星

（图中标注：天狼、军市一、大犬座、弧矢一、弧矢七、弧矢二、天鸽座）

从古至今，天狼星在星系中都占有一席之地。古人将船尾座和大犬座的部分星星结合想象成横跨在南天的一把大弓，看起来箭头正对着天狼星，意为"射天狼"。《江城子·密州出猎》中"西北望，射天狼"的句子就是这么来的。

天狼星是由一颗蓝白色的主序星天狼星A和一颗白矮星伴星天狼星B组成的。它距离地球大约为8.6光年。天狼星的白矮星伴星，是人类最

档案

名称：天狼星
类别：恒星
特点：除太阳外全天最亮的恒星。

早观测到的白矮星，也是质量最大的白矮星之一。

天狼星A是一颗巨大的蓝

白色的恒星，直径是太阳的两倍。天狼星A很亮，亮度是夜空中老人星的两倍。天狼星B的光芒相对黯淡。

值得注意的是，在冬季的晴朗夜空中，可以很容易地找到天狼星。天狼星、参宿四和南河三会组成一个等边三角形，天文学家称之为"冬季大三角"。如果无法准确辨认天狼星，可以先寻找猎户座，然后注意猎户座的左下角，那颗闪耀的恒星就是天狼星。

当前，天狼星A处于主序星阶段，这意味着它通过核聚变反应产生巨大的能量和亮度。然而，天狼星B已经结束了主序星阶段，演化为白矮星，并停止了核聚变反应。尽管如此，天狼星B由于极高的温度仍会发出微弱的光芒。需要注意的是，数十亿年后，天狼星B的温度将逐渐降低，最终变成一颗黑矮星。

有趣的是，大约每270~300年，天狼星B会运动到天狼星A和地球之间，部分挡住天狼星A的光芒。在这种情况下，观察者将感觉到天狼星稍显黯淡。

神秘的天狼星周期

天狼星周期，即"天狼星再次和太阳在同样的地方升起的周期"。原来，在固定的季节中天狼星会从天空中消失，然后在太阳再次升起，也就是天亮以前，会再次从东方的天空中升起。从时间上计算，这个周期是365.25天。更让人惊讶的是，我们用肉眼能够辨别的2000颗星星中，精确地以365.25日为周期，与太阳同时升起的星星只有天狼星。

因此，在古埃及的历法中，将天狼星比太阳早升空的那天定为元旦日。天狼星周期跟很多古文明建筑都有着千丝万缕的联系，也许是历史文化的原因，苍白并带有蓝色光亮的闪烁的天狼星因此也更为神秘。宇宙未来还会有更多的发现，期待着我们以后进一步探索其中的奥秘。

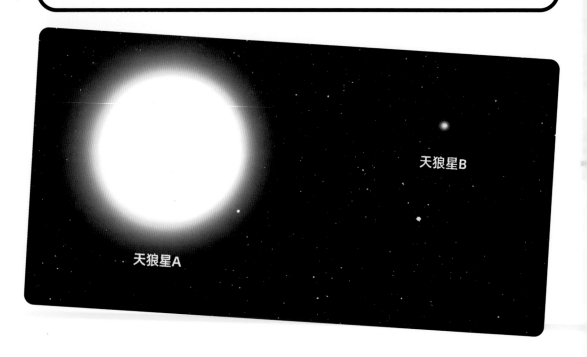

天狼星B

天狼星A

第三章

TAIYANGXIJIAZU

太阳系家族

太阳的位置

档案

名称: 太阳
形成时间: 45.7 亿年前
类别: 恒星
特点: 采用核聚变的方式向太空释放光和热

太阳给地球带来光明和温暖，假如没有阳光的照射，地面温度将会降到零度左右，地球上的生命也不可能存在。太阳是太阳系的主宰，它巨大的质量占太阳系质量的99%以上。

虽然太阳是太阳系的中心天体，但在银河系中却只是十分普通的恒星。跳到银河系之外来看，太阳位于银河系的对称面附近，距离银河系中

心约3万光年，在银道面以北约26光年。它以每秒250千米的速度绕银河系中心旋转，同

时又相对于周围的恒星以每秒19.7千米的速度朝着织女星附近方向运动。

🔍 太阳也会自转

太阳和其他天体一样，在围绕自己的轴心自转。但观测和研究表明，太阳表面不同的纬度处，自转速度不一样。在赤道处，太阳自转一周需要25.4天，而在纬度40°处需要27.2天，到了两极地区，自转一周则需要35天左右。这种自转方式被称为"较差自转"。

太阳的 大小

档案

名称： 太阳直径

类别： 天文常识

直径长度： 1.392×10^6 千米

太阳有多大？这个问题对于今天的人们来说已经不是什么难题了，人们已经测量出了太阳的直径为 1.392×10^6 千米。那么，太阳到底有多大呢？我们来和地球进行对比。地球的直径是12742千米，太阳的直径是地球的109倍之多。换句话说，太阳可以装下130万个地球。如果我们将太阳和地球缩小到原来的两千亿分之一，太阳将变成一个大西瓜，地球则成为一粒小小的芝麻。而人类和地球上所有的一切都在这一粒小小的芝麻上面。

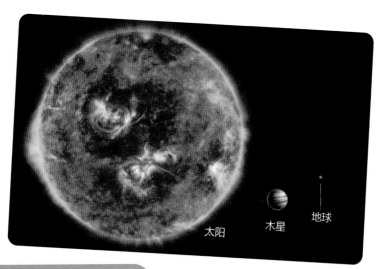

太阳　　木星　　地球

🔍 太阳的大小在变化

当未来太阳核心内可用的氢燃料耗尽时，它将成为一颗红巨星。它将吞噬水星和金星的轨道，甚至有可能一并吞噬地球的轨道。到那时，太阳的体积将是现在的200倍。

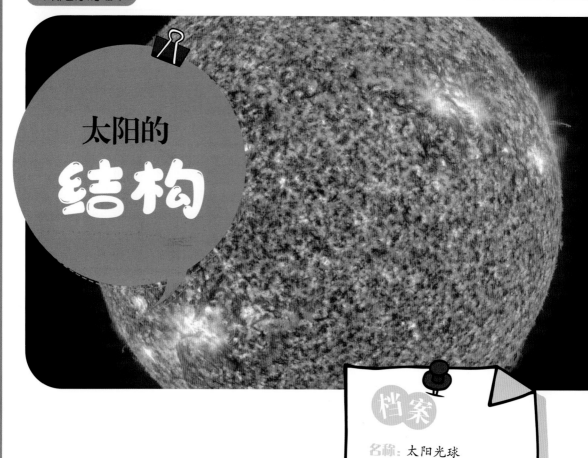

太阳的 结构

已有的恒星形成和结构理论认为，太阳的结构从里向外是热核反应区（中心），核心之外是辐射层，辐射层之外为对流层，对流层之外是太阳大气层。太阳的核心区域虽然很小，半径只占太阳半径的1/4，却是产生核聚变反应之处，是太阳的能源所在地。太阳核心产生的能量，通过辐射层以辐射的方式向外传输。对流层处于辐射层的外面，太阳内部的热量以对流的形式在对流区向太阳表面传输。太阳的大气层从里向外可分为光球层、色球层和日冕三层。光球层就是我们平常所看到的太阳圆面，通常所说的太阳半径也是指从中心到光球的半径。

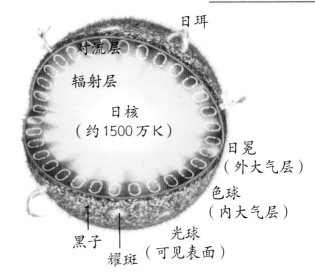

日珥

对流层

辐射层

日核
（约1500万K）

日冕
（外大气层）

色球
（内大气层）

黑子

耀斑

光球
（可见表面）

🔍 **日珥**

　　日珥是色球层表面向日冕喷射出的绯红色的火焰状气体，又称红焰。日珥是突出在日面边缘外面的一种太阳活动现象。它们比太阳圆面暗弱得多，在一般情况下被日晕淹没，不能被直接看到。因此必须使用太阳分光仪、单色光观测镜等仪器，或者在日全食时才能观测到日珥。

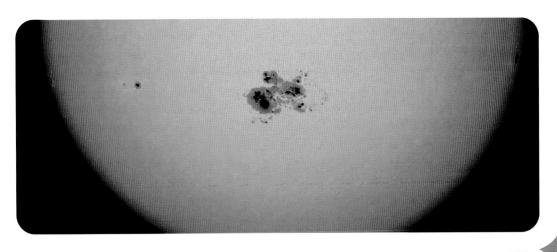

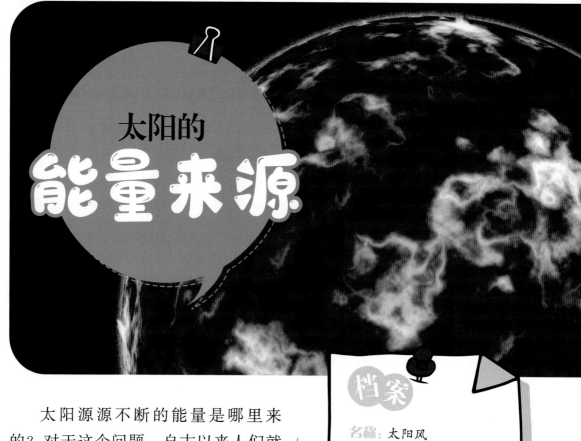

太阳的能量来源

太阳源源不断的能量是哪里来的？对于这个问题，自古以来人们就进行了种种猜测。20世纪以来，随着原子物理学的发展，人们最终解释了太阳能量来源的问题。太阳能量的来源和所有恒星一样，都是来自核心的氢核聚变。爱因斯坦发现了物体质量与能量的关系，那就是著名的质能方程$E=mc^2$。根据这个理论，一点点质量就可转化为数值巨大的能量。而太阳的组成成分中71%是氢，在太阳内部极

档案

名称：太阳风

类别：天文现象

特点：往往引起很大的磁暴与强烈的极光

端高温和极端高压的条件下，氢原子发生热核反应，类似于地面上的氢弹爆炸。因此，正

是太阳核心区域持续不断发生无数的大规模"氢弹爆炸",为太阳提供了源源不断的能量,为地球带来长久的温暖和光明。

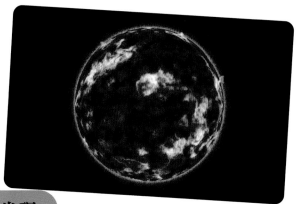

"太阳元素"的发现

1868年8月18日,法国天文学家詹森在观测日全食时发现太阳的谱线中有一条黄线,并且是单线。而钠元素的谱线是双线,所以詹森肯定它不是早就发现的钠元素,而是一个大家未曾认知的新元素。这就是氦—地球以外发现的新元素。氦的英文单词"Helium"来源于英文的"太阳"。氦也因此被称为"太阳元素"。

迷人的 太阳黑子

太阳是地球上光和热的源泉，太阳的活动会对地球产生各种各样的影响。通过观察发现，太阳脸上有时会长出一颗一颗的"小黑痣"，这是为什么呢？

太阳脸上的"小黑痣"，其实叫作太阳黑子。太阳黑子是在太阳的光球层发生的一种最基本、最明显的太阳活动。一般认为，太阳黑子的形成与太阳磁场有密切的关系。但是太阳黑子到底是如何形成的，天文学家对这个问题还没有找到确切的答案。

档案

名称：太阳黑子
类别：天文现象
特点：对地球的磁场和电离层产生干扰

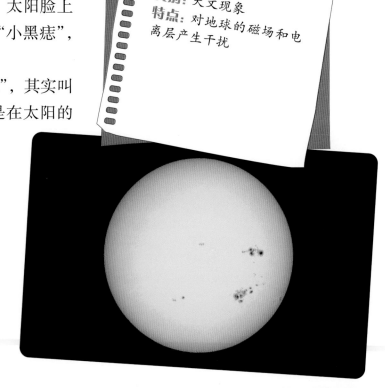

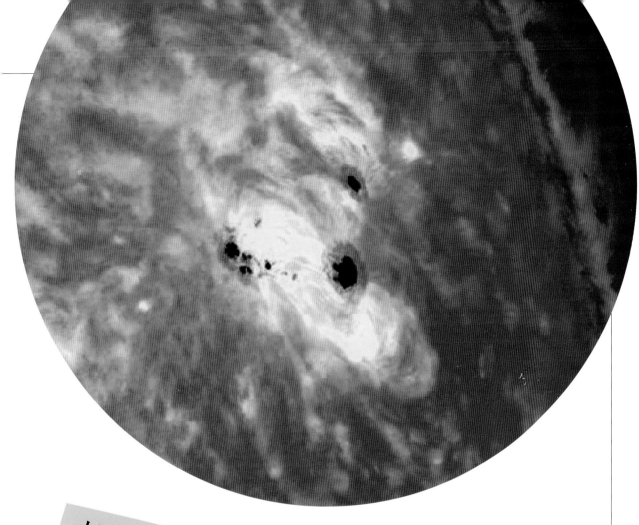

太阳黑子对地球的影响

　　太阳黑子很少单独活动，通常是成群出现。太阳黑子的活动周期为11年。太阳黑子活跃时会对地球的磁场产生影响，当太阳上有大群黑子出现的时候，会出现磁暴现象，指南针乱抖动，不能正确地指示方向；平时很善于识别方向的信鸽会迷路；无线电通信也会受到严重阻碍，甚至会突然中断。这些反常现象会对飞机、轮船和人造卫星的安全运行、电视传真等方面造成严重威胁。

日食，只有月球运动到太阳和地球中间时发生。三者正好处在一条直线时，月球挡住太阳射向地球的光，月球的黑影正好落到地球上，这时发生日食现象。在民间传说中，此现象被称为天狗食日。日食分为日偏食、日全食、日环食、全环食。观测日食时不能直视太阳，否则会造成短暂性

档案

名称： 日食
类别： 天文现象
特点： 月、地、日在一条直线上，月球居中

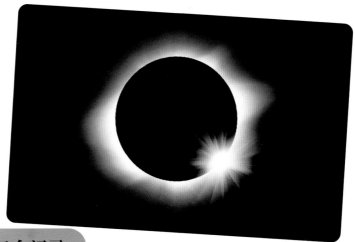

失明，严重时甚至会造成永久性失明。

🔍 最早的日食记录

公元前1217年5月26日，居住在我国河南省安阳的人们，正在从事各种各样的日常活动，一件惊人的事情发生了。之前光芒四射的太阳突然产生了缺口，天色也暗淡下来。但是，在太阳缺了很大一部分后，太阳又开始复原了。这就是人类历史上关于日食的最早的可靠记录，被刻在一片龟甲上。

人类的美丽家园——**地球**

档案

名称：地球
形成时间：大约 45 亿年前
类别：类地行星
特点：宇宙中仅有的存在已知生命天体

地球只是太阳系中一颗普通的行星，但又是一颗最为幸运的行星。由于与太阳的距离适中，各方面恰到好处的条件使地球在几十亿年的历史长河中成功孕育了丰富多彩的生命，并最终产生了人类，使其成为太阳系行星家族中一个与众不同的佼佼者。同其他行星一样，地球也经历了吸积、碰撞等物理演化过程。陨石物质的轰击、放射性衰变致热和原始地球的引力收缩，才使地球温度逐渐增加。随着温度的升高，一些重的元素沉到地球中心，形成密度较大的地核。地核之外的物质在长期的对流活动中逐渐演变成了现今的地壳、地幔等层次。

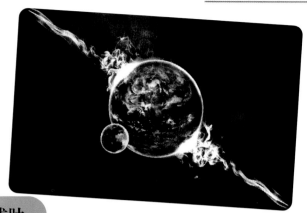

🔍 来自小行星的威胁

据专家研究，直径为1000米以上的小行星撞击地球的概率为12万年一次，今后2000年，将会有五六个小行星处于和地球较为接近的状态，最近时相距15万千米，约为月地距离的一半。所以，天地冲撞也许并不是危言耸听，已引起了天文学家和公众的关注。不过从另一个角度看，一旦有小天体突袭地球，人类能够做到抢先预报，测算轨道。总之，现代的地球人决不会坐以待毙，因为人类有能力保护自己的家园。

地球的天然卫星——月球

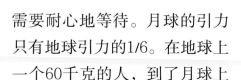

名称：月球
形成时间：大约45亿年前
类别：卫星
特点：围绕地球自西向东逆时针方向旋转

月球是地球唯一的天然卫星，本身不发光，夜晚的"明亮"效果是反射太阳光的结果。月球表面的真实颜色是灰黑色，月球表面吸收了93%的太阳光，反射率仅7%，但其亮度可与太阳交相辉映。

月球的昼夜是突然来临的，昼夜温差可达300℃。月球的白昼长达两个星期，月球上的1天等于地球上29.5天，

需要耐心地等待。月球的引力只有地球引力的1/6。在地球上一个60千克的人，到了月球上

只有10千克。要是在月球上跳高，轻松一跃就可以跳过10米的横杆，将很轻松地创造世界纪录，世界上所有的跳高名将都望尘莫及。

🔍 月球是人类唯一登陆过的地外天体

1969年美国的"阿波罗11号"实现了人类首次载人登月，而在2019年1月3日，由我国发射的"嫦娥四号"探测器在月球背面东经177.6°、南纬45.5°附近的预选着陆区成功着陆，世界第一张近距离拍摄的月背影像图通过"鹊桥"中继星传回地球，揭开了月亮背后的神秘面纱。

高温的

金星

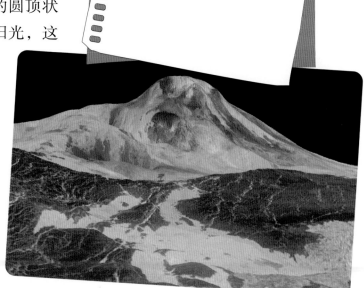

档案

名称：金星

形成时间：大约 45 亿年前

类别：类地行星

特点：太阳系中仅有的一颗没有磁场的行星

金星发出银白色亮光，璀璨夺目，其亮度仅次于太阳和月亮。但是金星上的自然环境十分恶劣。金星天空是橙黄色的，巨大的圆顶状浓云旋挂在空中反射着太阳光，这些是具有强烈腐蚀作用的浓硫酸雾。金星大气层中的二氧化碳像厚厚的被子把金星捂得严严实实，酷热异常。

金星表面与地球有几分相似。金星山脉的高度最大落差与地球相似，也有高大的火山，延伸范围达30万平方千米。金星陆地占其表面积的5/6，剩下的1/6是小块无水的低地——至今在金星表面还没有发现水。

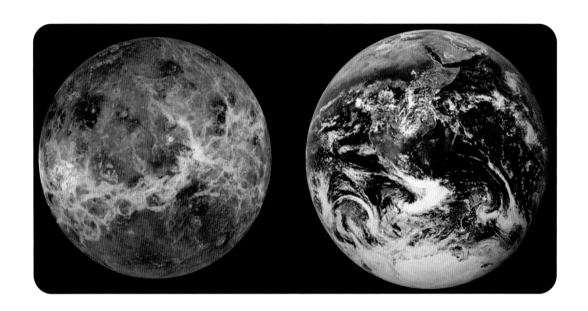

"太阳从西方升起"

在我国古代，金星在黎明前出现时，叫"启明星"，象征天将要亮了；在黄昏出现的时候，就叫"长庚星"，预示长夜要来临了。有趣的是，金星自转是行星中最独特的，它的自转与公转方向相反，是逆向自转。换句话说，从金星上看太阳，太阳自西方升起，从东方落下。

行星之王——木星

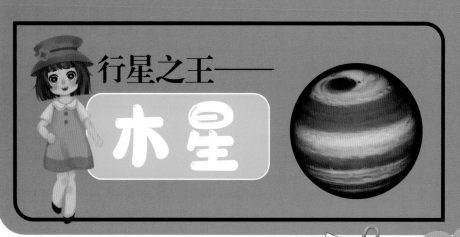

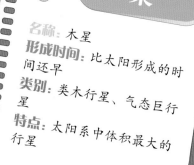

档案

名称：木星

形成时间：比太阳形成的时间还早

类别：类木行星、气态巨行星

特点：太阳系中体积最大的行星

木星是一颗巨行星，质量是太阳的千分之一，但却是太阳系其他行星质量总和的2.5倍。木星呈扁平状，而最引人注目的是木星顶部云层云雾状的醒目条纹，明暗相间的条带与赤道平行。木星自转速度较快，所以云被拉成长条形。木星被浓密的大气层包裹得严严实实，人们还不知道大气层有多厚，估计有1000多千米。大气层中的氢和氦之所以不易跑掉，就是因为木星有

巨大的引力。木星除了色彩缤纷的条带之外，还有一块醒目的标记，这个标记从地球上观察是一个红点，仿佛木星上的一只"眼睛"。

木星之最

木星是太阳系中最大的行星，一天时长最短的行星，被航天器到访过最多的外行星，拥有最多特洛伊小行星的行星以及太阳系中密度最大的卫星。木星拥有卫星上最多的陨石坑、最强的磁场、太阳系中最强大的极光、太阳系中最大的反气旋风暴。

无水的 水星

档案

名称：水星
形成时间：大约45亿年前
类别：类地行星
特点：大气层极为稀薄，无法有效保存热量，是太阳系中表面昼夜温差最大的行星

水星是离太阳最近的一颗行星。它与太阳的平均距离只有5791万千米，这个距离是地球到太阳距离的0.4倍。水星如此接近太阳，使我们很难清楚地观测这颗最靠近太阳的行星，连专业天文学家也经常看不到水星。其实，水星常常很亮，有时与天空中最亮的天狼星也不分伯仲。但是，从北半球，只能在东方天空太阳升起前的

1.5小时，或在西方太阳落下后的1.5小时才能看见水星。

水星无水却有冰山

从光谱分析来看，水星虽然有大气，但大气中并没有水，这已是普遍公认的事实了。然而，宇宙奥妙无穷，常会有人类意想不到的事情发生。在没有液态水、没有水蒸气的水星上，却发现了"冰山"。冰山直径达15～16千米，数量多达20处，最大的可达130千米。它们大多是在太阳从未照射到的火山口内的山谷之中的阴暗处，温度在-170℃左右。由于水星表面处于真空状态，冰山每10亿年才融化8米左右。

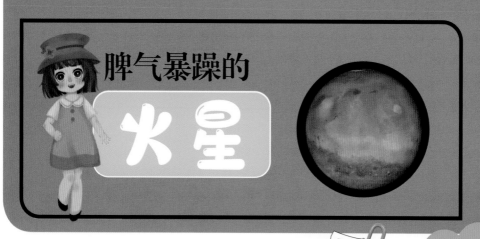

脾气暴躁的

火星

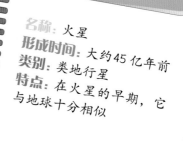

档案

名称：火星
形成时间：大约45亿年前
类别：类地行星
特点：在火星的早期，它与地球十分相似

火星，是太阳系中仅次于水星的第二小的行星，太阳系里四颗类地行星之一。火星大气以二氧化碳为主，既稀薄又寒冷，遍布撞击坑、峡谷、沙丘和砾石，没有稳定的液态水。火星上有太阳系已知最大的火山——奥林帕斯山，最大的峡谷——水手号峡谷。在一年中的大部分时间火星都是宁静而美丽的。不过，在季节变换的日子里，火星显得异常躁动不安，常常狂风肆虐，

扬起漫漫尘土，这是火星独有的尘暴现象。整个火星一年中大约有1/4时间笼罩在无边无际的狂沙之中，一次尘暴可持续几十天。

来自火星运河的猜想

　　1877年，是火星最接近地球的日子，这是观测火星的最佳时机，会出现火星大冲的天文现象。意大利天文学家乔瓦尼·斯基亚帕雷利经过对火星多次观测，在火星表面发现了许多线条状的东西，他称之为"水道""水渠"。此消息被报刊转载后，"水道"却演绎成了"运河"，一时间人们纷纷猜测在火星上是否存在智慧生物，是否是他们在火星表面开凿了运河。

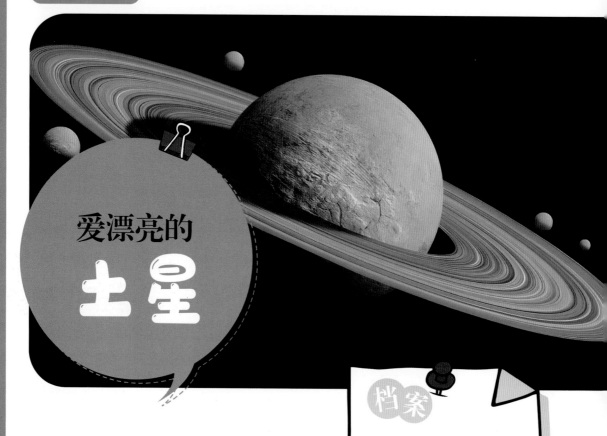

爱漂亮的
土星

档案

名称: 土星
形成时间: 大约45亿年前
类别: 气态行星、类木行星
特点: 有为数众多的卫星

　　土星的名字虽然带了个"土"字，可实际上它一点也不土，是太阳系中最漂亮的一员。土星赤道的上空环绕着一圈圈五颜六色的光环，就像给土星戴了一顶大草帽。这些光环由许许多多不同形状、不同大小的冰冻岩石组成，它们像镜子一样反射太阳光。

　　土星是扁球形的，赤道直径有12万千米，是地球的9.5倍，两极半径与赤道半径之比为0.912，赤道半径与两极半径相差的部分几乎等于地球半径。土星质量是地球的95.18倍，体积是地球的730倍。虽然体积庞大，但密度却很小，每立方厘米约有0.7克。

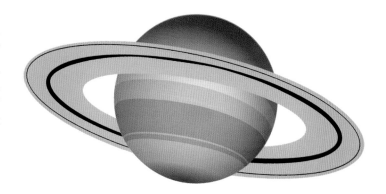

太阳系中卫星最多的行星

土星是太阳系中卫星数目最多的一颗行星，周围许多大大小小的卫星紧紧围绕着它旋转，就像一个小家族。土星卫星的形态各种各样，五花八门，天文学家对它们产生了极大的兴趣。最著名的"土卫六"上有大气，是目前发现的太阳系卫星中唯一有大气存在的天体。

"冷酷"的天王星

因为大气中由氢和氨构成的烷云层吸收红光，反射蓝光，所以天王星是一颗蓝绿色的星球。天王星的卫星在太阳系里极不平常，卫星上有众多的陨石撞击坑——环形山，还有大量结构复杂的地壳构造断层。天王星的运行方式十分独特，一般的行星都是自转轴与公转轨道面接近垂直侧身绕太阳运动，而天王星的自转轴几乎与公转轨道面平行，赤道面与公转轨道面的倾角达97.77°，也就是说，它差不多是

"躺"着绕太阳运动的，这跟保龄球在球道上滚动的情况差不多。于是有些人称天王星为"一个颠倒的行星世界"。

天王星上的液态海洋

　　根据"旅行者2号"的探测结果，科学家推测天王星上可能有一个深度达10000千米、温度高达6650℃，由水、硅、镁、含氮分子、碳氢化合物及离子化物质组成的液态海洋。天王星上巨大而沉重的大气压力，令分子紧靠在一起，使得高温海洋未能沸腾及蒸发。反过来，正由于海洋的高温，恰好阻挡了高压的大气将海洋压成固态。

85

蓝色的星球——
海王星

名称： 海王星
发现时间： 1846 年
类别： 气态行星、冰巨星、远日行星
特点： 表面覆盖着延绵几千千米厚的冰层，外表围绕着厚厚的大气层

海王星是非常美丽的，因为大气中有微量的甲烷，使海王星拥有比大海和天空更蓝的蓝色。海王星有4个光环和1个尘埃壳，周围有14个卫星环绕，大气中出现过云和风暴。海王星最受人关注的是它的两颗卫星"海卫一"和"海卫二"。"海卫一"直径2700千米，表面温度在-235℃以下，是太阳系中迄今所知最冷的天体。"海

卫二"的特别之处在于轨道和亮度。它的轨道扁长椭圆，离心率达到0.75，比其他所有卫

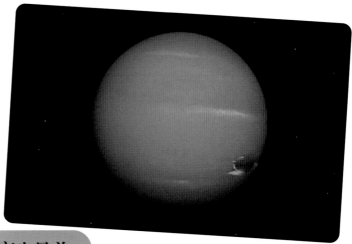

星轨道都显得更扁。"海卫二"的亮度在1987年7月的一次测量中，在8昼夜内可变化34次，令人叹为观止。

🔍 行星里的孪生兄弟

1989年8月，"旅行者2号"探测器近距离观测过海王星。发回的照片显示，海王星与天王星像一对孪生兄弟，个头大小、密度和成分都差不多。不过，海王星并不像天王星那样，悠闲地躺着打滚，而是跟地球一样，是斜着身子打转的。

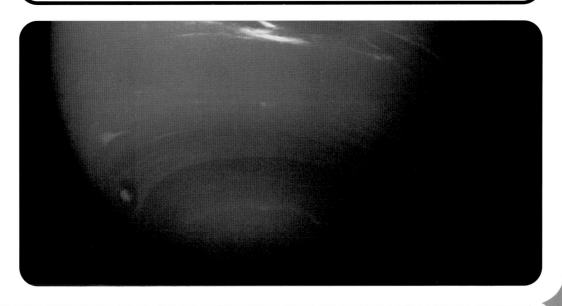

被降级的 冥王星

冥王星是太阳系中的一颗矮行星，太阳光要经过5.5小时才能到达这里，所以冥王星上非常寒冷，温度低到-240℃。冥王星的直径约为2376千米，质量仅为地球的千分之二，因此，冥王星在太阳系中显得

档案

名称：冥王星

发现时间：1930年

类别：矮行星

特点：冥王星是被发现的第一颗柯伊伯带天体，第一颗类冥天体

极小。也因为其既远又小，所以冥王星很难被发现。冥王星的亮度变化很特别。冥王星自发现以来一直朝近日点运动，亮度本应该越来越高，它却变得越来越暗。

冥王星的发现和地位变化是有趣的科学故事。19世纪，天文学家通过运用牛顿力学预测了未知行星海王星的存在，以解释天王星轨道的扰动。后来，在对海王星进行观测之后，他们认为天王星轨道的异常受到了来自另外一颗行星的干扰。经过漫长的计算和观测，冥王星最终于1930年被发现，并确认其运动轨迹，尽管当时只拍摄到了一张质量不佳的照片。

然而，冥王星的身份立即引起了争议。科学家进行多次计算后，冥王星的质量估计从与地球相当降至不超过地球质量的1%，但反射率却是地球的1.4~1.9倍。随着科学的进步，从1992年开始，天文学家发现了许多与冥王星相仿的天体，这表明冥王星只是柯伊伯带的成员之一。这引发了冥王星的行星地位是否应该被保留的争议。2006年，国际天文学联盟提出了新的行星定义，规定一个天体必须满足以下三个条件才可被称为行星：其必须绕太阳运转、具有足够的质量使其形成球状，以及能够在其轨道周围清除其他物体。但冥王星未能满足第三个条件，因此被重新分类为矮行星，而非传统意义上的行星。

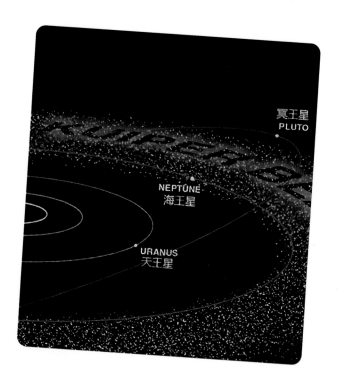

独特的"冥卫一"

　　冥王星的卫星冥卫一非常独特。冥卫一的直径是冥王星的一半，这样大的比例在太阳系中是独一无二的。最令人不解的是，"冥卫一"的公转周期与冥王星的自转周期完全相同，都是6.387天（6天9小时17分钟），更巧的是"冥卫一"的公转轨道面与冥王星的赤道面正好重合在一起。所以，与其说"冥卫一"在自己的轨道上绕冥王星运动，倒不如说两者在互相绕行。

第四章

神秘的
银河系

为什么被称为"银河系"

档案

名称：银河系
形成时间：大约 136 亿年前
类别：棒旋星系
特点：拥有四条清晰明确且相当对称的旋臂

银河系因其外观而得名。如果你仔细观察银河系的照片，就会发现它像一条银色的发光带在夜空中飞驰，这条银河带实际上是由成千上万颗恒星组成的，它们发出令人难以置信的光芒。由于观测角度的不同，银河系看起来是一条薄而闪亮的弧形光带，而不是一个巨大而明亮的圆盘。

虽然银河系是这个星系的主要称谓，但有趣的是，不同的文化经常用不同的名字来指代

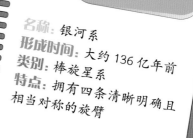

它。例如，挪威人称它为"Melkeveien"；中国人对它有一个字面意思为"银河"的名字；在德国它被称为"Milchstrasse"；在印地语中它被称为"Aakaash-ganga"，意思是"天堂的恒河"。

银河系的形状

　　横着看，银河系像一张大银盘，直径约为10万光年，中间最厚的部分约为12000光年。银河系虽不是宇宙中最大的星系，但比其他很多星系大多了。从上方看，它像是一个长着四条旋臂的大旋涡，因而它属于旋涡星系的一种。

银河系在宇宙中算老几

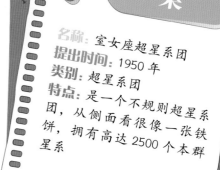

档案

名称： 室女座超星系团
提出时间： 1950 年
类别： 超星系团
特点： 是一个不规则超星系团，从侧面看很像一张铁饼，拥有高达 2500 个本群星系

自从哥白尼提出了"日心说"，人们开始意识到地球的渺小，原来在太阳系中，地球也算不上最大的一颗行星。

太阳系对于人类已经足够大了，如果银河系是一桶水，那么太阳系只是一颗小水滴。银河系有136亿年的历史，属于宇宙中的元老星系。在银河系之中，和太阳一样的恒星数量在4000亿颗左右，不仅如此，银河系中还存在着大量的星团、星云、星际气体和星际尘埃等。

那银河系是不是最大

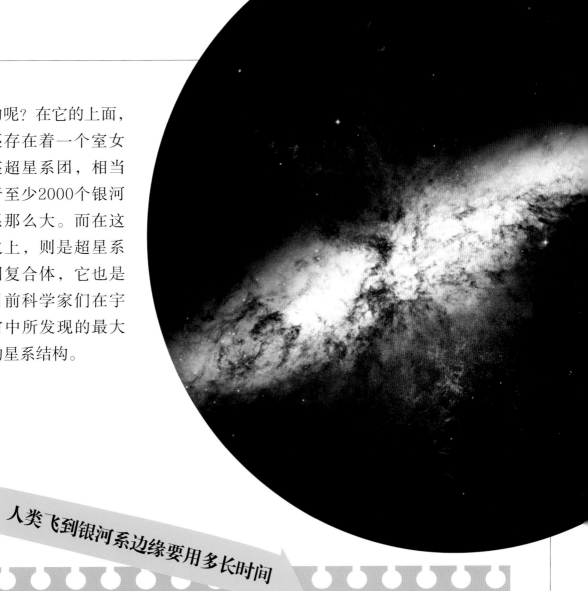

的呢？在它的上面，还存在着一个室女座超星系团，相当于至少2000个银河系那么大。而在这之上，则是超星系团复合体，它也是目前科学家们在宇宙中所发现的最大的星系结构。

人类飞到银河系边缘要用多长时间

科学家探测到的银河系直径在10万光年左右，人类即使掌握了光速飞行技术，也至少需要10万年的时间才可以抵达银河系的边缘。这对于人类来说，简直是天文数字，而因为银河系比刚发现的时候大了50%左右，所以科学家推测，银河系的外围或许还存在着一个尚未探测到的边缘地带，这个地带至少存在着数十亿颗恒星。

银河
是河吗

银河系在天空上的投影像一条流淌在天上闪闪发光的河流一样，从古至今，一年四季，无论你在地球上的什么地方，夜晚都可以看到它，中国古代又叫银河或天河。银河不是河，它是太阳系所在的棒旋星系。我们肉眼看到的这些白光带基本上来自英仙座旋臂。

迄今为止，人类发现有水的星球只有地球而已。人们一年四季都可以

档案

名称：天蝎座
亮星数目：12 颗
类别：黄道星座
特点：是所有黄道星座中黄道经过最短的一个

看到银河，只不过夏秋之交看到了银河最明亮壮观的部分。夏季的银河由天蝎座东侧向北

伸展，横贯天空，气势磅礴，极为壮美，但只能在没有灯光干扰的野外才能欣赏到。

银河系的老大是谁？

在银河系中心位置有一个质量超大的黑洞，又称"人马座A*"。它处于银河系的最中央位置（又称银心），距离地球大约27000光年，它掌管着整个银河系的中心天体，质量约为4.3亿个太阳的质量，是目前已知宇宙中最大的黑洞之一。它的力量搅动了纵横达10万光年的整个银河系，是银河系当之无愧的主宰者。

银河系 到底有多大呢

有人说，如果把地球看成一粒沙，那么银河系就是整个撒哈拉沙漠。也许你会觉得这有些夸张，那接下来的数据就会告诉你，银河系到底有多大。银河系中众多繁星的光形成了银河，成为环绕夜空的外形不规则的发光带。这条星光带大体上位于银盘平面上。银河系是构成宇宙的亿万个星系中的一个。它拥有几百亿个恒星和大量的星际气体和尘埃。

庞大的银河系

　　如果你有一辆汽车，时速是120千米/小时，你开着它从地球出发，也要经过2.6万光年才能到达银河系中心，我们按照人均的寿命100年来算，也就是说，从你出发开始，你的第234亿代孙才能到达银河系中心。而这，还只是银河系的冰山一角。

　　人类肉眼可见的银河系只是银河系很小的一部分。光每秒30万千米，是宇宙间最快的速度，地球的直径大概是1.2万千米，就是说光每秒能在地球转8圈，而以光速出银河系的一头走到另一头要用10万年。

银河系中
神秘的气泡

档案

名称：费米气泡
发现时间：2009 年
类别：天文现象
特点：从银河系中心"吹"出巨型"气泡"

2009年，科学家利用费米伽马射线望远镜，对银河系中心进行观测，想看看银河系中心到底是怎样的存在。

这一看可不得了，居然有两个巨大的气泡将银河系夹在中间，不仅如此，这两个气泡大小一样，上下延伸出约2.5万光年的范围，分别位于银道面的上方和下方。由于第一次发现这两个气泡，这两个气泡就以费米来命名的。科学家认为

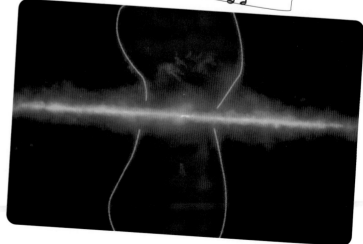

"费米气泡"和附近的X射线都可能是由银河系中心超大质量黑洞——人马座A*中爆发出来的巨大冲击波一次性形成的，这些喷发物的形成原因至今不明，不过肯定与黑洞大量吞噬物质有关。

费米气泡产生的根源

天文学家认为，银河系盘面两端的费米气泡产生于600万年前，它的存在很可能说明了银河系中心有活动星系核，也说明至少在600万年前，银河系中心的恒星活动非常剧烈。两个气泡的顶点相距5万光年，按照银河系15万光年的直径来算，相当于银河系直径的1/3。在银河系两侧，费米气泡就像飞蛾的两只翅膀一样。

银河系旋臂的

神秘之处

银河系属于旋涡星系一类的典型。它的核心周围是一个巨大的中央核球，并有缠绕着它的旋臂。这些弯曲的旋臂使银河系的外形看上去像是一个庞大的车轮。侧面看，银河系呈中间厚、边缘薄的形状；正面看，是由银河球向外伸出的4条旋臂组成的旋涡结构。

银河系的旋涡结构是自转运动的体现，即银河系中的恒星、星云和星际物质都会绕着银河旋转。引力势小，导致天体速度降低，密度增加，产生聚集效应。于是，聚集在引力势小的地方的天体，形成了我们观察到的旋臂。科学家观测发现：每条

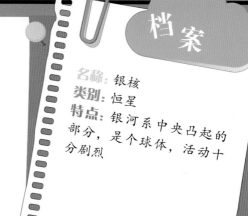

档案

名称：银核
类别：恒星
特点：银河系中央凸起的部分，是个球体，活动十分剧烈

"手臂"都有难以计数的恒星和星云组成。4条旋臂都沉陷银盘中。银盘是银河系的主要组成部分，直径约100000光年；银核被星际尘埃粒子屏蔽，它们吸收银核辐射中的可见光和紫外光。

旋臂的成分

　　银河系的4条主要旋臂分别是：人马臂、猎户臂、英仙臂、三千秒差距臂。旋臂中的天体属于极端星族，即十分年轻的亮星和疏散星团。除此之外，在旋臂区域内是星际气体和尘埃粒子的高度集聚区，所以那里也是新的恒星形成的最适合的场所。我们生活的太阳系是在猎户臂内。

人类在宇宙的 哪个位置

宇宙是星球的故乡，不论太阳、月亮，还是地球，都在它的怀抱里。太阳是一颗恒星，也是太阳系中唯一的一颗恒星。地球是太阳系中的一颗行星。月球是地球的一颗卫星。太阳、地球、月球它们都在"太阳系"中。而太阳系又在银河系这个星系中。

那么，人类所居住的地球到底位于宇宙的哪个位置呢？

我们都知道：早晨，太阳从东方升起；傍晚，

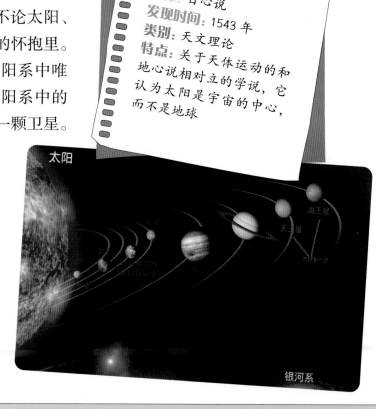

太阳

海王星

天王星

银河系

太阳又从西边落下。月亮也同样从东边升起，西边落下。晴朗的夜空，繁星点缀，不时有陨星划过，好像宇宙的一切都是围绕着地球分布和运动的，所以古人认为地球就是宇宙的中心。事实上这种说法是错误的。

"日心说"和"地心说"

波兰天文学家哥白尼经过多年潜心研究，发现其实地球不是宇宙的中心，相反，地球是围绕太阳转的。哥白尼认为太阳才是宇宙的中心。无论"地心说"还是哥白尼的"日心说"都是不全面的，他们的研究都局限在太阳系，并没有从整个宇宙来看这个问题。其实，地球在宇宙中好比"沧海一粟"。地球是太阳系的一颗行星，太阳系又是银河系的一个成员，而宇宙中又存在着无数个银河系，在浩渺无垠的宇宙中，中心究竟在哪里呢？

宇宙中

也有公路吗

星星在宇宙中不停运转，就像车辆在公路上行驶。如果没有一定的规则，就会经常发生碰撞。要是这样，宇宙就很危险啦！那么，宇宙中是否也有公路呢？

事实上，每颗星星都有运行的专行道，也就是天文学所说的轨道。它是指在空间中一个天体绕另一个更大质量天体运转的路径。其中，卫星、行星和恒星受到更大质量天体引力的作用而保持在轨道中。

一个天体绕另一个天体在轨道中

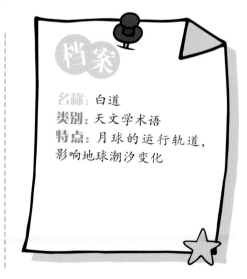

档案

名称：白道
类别：天文学术语
特点：月球的运行轨道，影响地球潮汐变化

运转一周所需的时间称为轨道周期。以地球为例，一般而言，地球的自转速度是均匀的。但现代精密的天文观测表明，地球自转存在着3种不同的变化。地球自转一周耗时23小时56分，约每隔10年自转周期会增加或者减少千分之三至千分之四秒。

在太阳系中，行星会相互影响彼此的轨道。大质量行星如木星对其他行星的引力扰动尤为显著，导致行星轨道从圆形变为椭圆形。

然而，由于各种因素的共同作用，行星轨道并不会过于扁平，而是趋近于正圆。这可以解释为一种自然选择的结果。如果行星轨道过于扁平，行星之间靠近和碰撞的概率就会增加，破坏轨道的稳定性。在太阳系的演化历史中，数十亿年来频繁的行星碰撞事件最终导致了相对稳定的行星轨道形成。水星是太阳系中轨道最扁平的行星，其偏心率达到0.206，而其他行星的偏心率都较小，都不超过0.1。

目前太阳系相对稳定，在未来

的5000万年内不太可能出现行星轨道的失控现象。尽管如此,水星可能存在约1%的风险失控,并有可能与地球或火星发生碰撞。但即使发生这种情况,那也是非常遥远的将来,需要经过数十亿年的时间。

近地轨道作用大

在轨道大家族中还有中、低轨道,合称为近地轨道。我们通常把高度在2000千米以下的航天器轨道称为低轨道,2000~3000千米高的轨道称为中轨道。近地轨道又称顺行轨道,它的特点是轨道倾角即轨道平面与地球赤道平面的夹角小于90度。

我国地处北半球,要把航天器送上这种轨道,运载火箭要朝东南方向发射,这样能够利用地球自西向东自转的部分速度,节约火箭能量。地球自转速度可通过赤道自转速度、发射方位角和发射点地理纬度计算出来。因此,在赤道上朝着正东方向发射飞船,可利用的速度最大,纬度越高利用的速度越小。这就是为什么大多数火箭总是朝着正东方向发射的缘故。

第五章

XINGJITANSUO

星际探索

外星来客——
陨石

档案

名称： 陨石
类别： 岩石与矿物
特点： 坠落于地面的陨星残体，由铁、镍、硅酸盐等矿物质组成

陨石是星球以外脱离原有运行轨道的宇宙流星或碎块飞散坠落到地球，或其他行星表面的未燃尽的石质的、铁质的或石铁混合的一种物质。

陨石的平均密度为3～3.5克每立方厘米，主要成分是硅酸盐；陨铁密度为7.5～8克每立方厘米，主要由铁、镍组成；陨铁石成分介于两者之间，密度为5.5～6克每立方厘米。全世界已收集到4万多块陨石样品，

它们大致可分为三大类：石陨石（主要成分是硅酸盐）、铁陨石（铁镍合金）和石铁陨石（铁和硅酸盐混合物）。

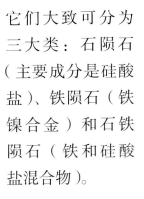

已发现的最重陨石

　　陨石的形状各异，世界上最大的陨石是重1770千克的"吉林1号"陨石。世界上最大的陨铁是纳米比亚的戈巴陨铁，重约60000千克。中国陨铁石之冠是新疆维吾尔自治区青河县发现的"银骆驼"，约重28000千克。

为什么月球表面上的鞋印 不会消失

1969年7月20日，美国的尼尔·阿姆斯特朗登上月球，而阿姆斯特朗留在月球上的脚印竟然还在。这也引发了关于月球的很多言论，为什么当年留下的脚印还在呢？

其实最重要的因素是月球表面并不会像地球表面一样有刮风下雨这样的天气情况，没有流通的空气，而且月球也不会有特别剧烈的地壳运动，

档案

名称："阿波罗"登月
发生时间：1969年
类别：航天行为
特点：用载人航天器将宇航员送上月球

只有一些细微的移动。所以留在月球上的脚印要经过很长一段时间才会消失。

人类在太空会变年轻吗

宇航员去一趟太空，回来真会变年轻吗？要知道，宇航员在太空绕着地球以每秒约7.7千米的速度做近似圆周运动。通过计算，理论上可以得出他们在太空里每待一天，就会年轻0.000023秒；在国际空间站待一年，宇航员回来时会年轻0.0085秒。

宇宙电子眼——

人造卫星

档案

名称: 人造卫星
发射时间: 1957 年
类别: 人工制造的卫星
特点: 在空间轨道上环绕地球运行的无人航天器

人造卫星是指在空间轨道上环绕地球运行的无人航天器，是人类发射数量最多、用途最广、发展最快的航天器。人造卫星发射数量约占航天器发射总数的90%以上。人造卫星可分为三大类：科学卫星、技术试验卫星和应用卫星。科学卫星是用于科学探测和研究的卫星，主要包括空间物理探测卫星和天文卫星，用来研究某星球的大气、辐射带、磁层、宇宙线、太阳辐射等，并可以观测其

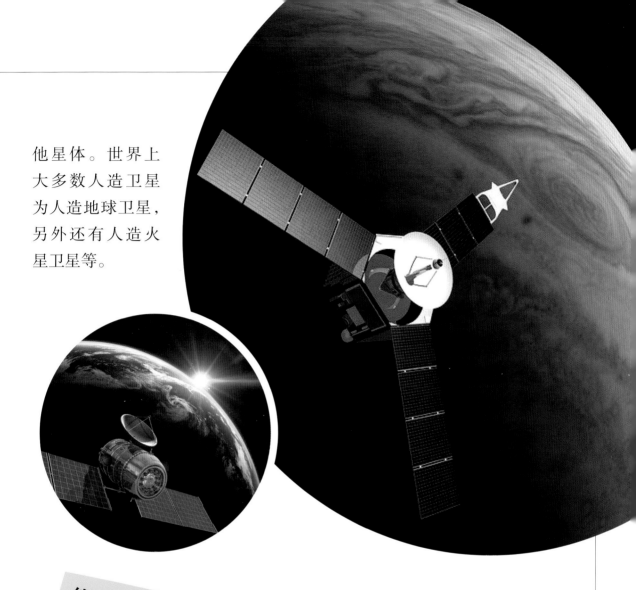

他星体。世界上大多数人造卫星为人造地球卫星，另外还有人造火星卫星等。

第一颗人造卫星发射时间

苏联于1957年10月4日发射了世界上第一颗人造卫星之后，美国、法国、日本也相继发射了人造卫星。中国于1970年4月24日发射了我国第一颗人造卫星——"东方红一号"。

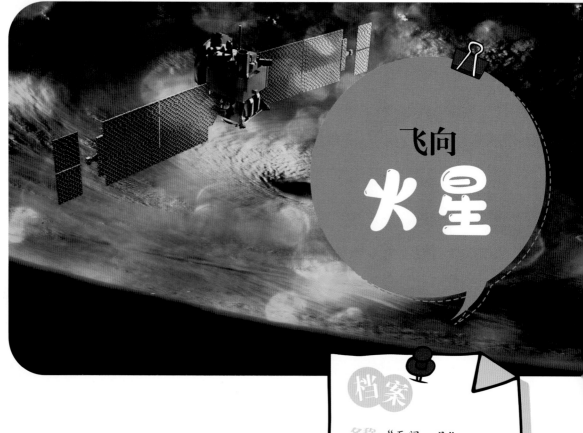

飞向

火星

档案

名称："天问一号"

发射时间：2020 年

类别：航天行为

特点："祝融号"火星车拍摄了人类首次在火星表面的移动过程影像

火星是一颗漂亮的橙色星球，距离地球最远时约4亿千米，最近时约5600万千米，是地球的"好邻居"。这位"好邻居"之所以吸引人类的目光，主要是因为它有一个其他星球都没有的特质——最像地球。

1962年11月1日，苏联的"火星1号"探测器成功发射。尽管飞行5个月后失联，没有传回火星的任何数据，但"火星1号"在飞行过程中探测到了太阳风、行星际磁场及宇宙线等珍贵数据，对后来的星际飞行有重要的参考价值。

🔍 "天问一号"到访火星

2020年7月23日12时41分，"长征五号"遥四运载火箭将"天问一号"探测器发射升空，飞行2000多秒后，成功将探测器送入预定轨道，开启火星探测之旅，迈出了中国自主开展行星探测的第一步。2021年5月15日，"天问一号"着陆巡视器成功着陆火星。5月22日，"祝融号"火星车成功踏上火星。我国火星探测任务实现了人类航天器首次在一次任务中完成火星环绕、着陆与巡视探测。

人类探索太空的眼睛——
哈勃空间望远镜

档案

名称：哈勃空间望远镜
发射时间：1990 年
类别：光学望远镜
特点：帮助天文学家获得最深入、最敏锐的太空光学影像

哈勃空间望远镜是以美国天文学家爱德温·哈勃命名的，于1990年4月24日成功发射，位于地球大气层之上的光学望远镜。它位于地球大气层之上，因此获得了地基望远镜所没有的好处：影像不受大气湍流的扰动，视相度绝佳，且无大气散射造成的背景光，还能观测会被臭氧层吸收的紫外线。它成功弥补了地面观测的不足，帮助天文学家解决了许多天文学上的基本问题，使得人类对天文物理有了更多的认

识。此外，哈勃空间望远镜的超深空视场则是天文学家目前能获得的最深入、最敏锐的太空光学影像。

哈勃空间望远镜的巨大贡献

　　哈勃空间望远镜并不是第一台空间望远镜，却是最大的、用途最为广泛的空间望远镜，自发射以来，已在太空中进行了多达130余万次的天文观测，为人类探索太空带来了一场天文学革命。哈勃空间望远镜与康普顿γ射线天文台、钱德拉X射线天文台齐名。

宇宙探索的基地——空间站

档案

名称：空间站
发射时间：1971 年
类别：航天行为
特点：在轨道上飞行时间较长，能开展多项太空科研项目

空间站又称太空站、航天站，是在近地轨道长时间运行，可供多名航天员巡访、长期工作和生活的载人航天器。空间站分为单模块空间站和多模块空间站两种。单模块空间站可由航天运载器一次发射入轨；多模块空间站则由航天运载器分批将各模块送入轨道，在太空中将各模块组装而成。在空间站要有人能够生活的一切设施，空间站不具备返回地球的能力。1971年，礼炮1号成功发射升空，它是人类历史上首个空间站。1998年11月，国际空间站发射

升空，随后陆续发射的模块对其逐渐进行扩充。它由多个国家分工建造、联合运用，成为国际合作进行太空开发的标志。

🔍 开启中国载人航天"空间站时代"

　　中国在2016年9月15日发射"天宫二号"空间实验室，2016年10月下旬发射"神舟十一号"载人飞船，2017年4月20日"天舟一号"货运飞船搭载"长征七号"遥二运载火箭发射，并与"天宫二号"空间实验室对接，承担着验证空间站相关技术的重要使命，是中国第一个真正意义上的太空实验室。中国空间站名为"天宫"，是一个长期在近地轨道运行的空间实验室。这个极具中国韵味的名字，不仅蕴含了希望航天员在太空工作、生活得更为舒适的愿望，更寄寓着中国人遨游太空的浪漫情怀和不懈探索的精神。

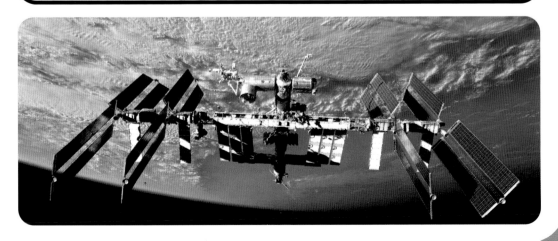

来自太空垃圾的

威胁

太空垃圾是太空里飘浮的人工废弃物，有火箭推进器的残骸，有航天器意外爆炸形成的碎片，有一些小的螺栓、弹簧等零部件，甚至还有宇航员不小心丢掉的手套。目前，太空垃圾预计有几千吨，它们

名称: 太空垃圾

类别: 人造废弃物体

特点: 有撞击其他航天器的风险，也会对地面安全造成威胁

档案

编织了一张巨大的太空垃圾网，包围在地球外围空间。这些垃圾飞行速度很快，极具杀伤力。一块10克的垃圾可将卫星或飞船打穿或击碎！更让人担忧的是，每一次撞击都会产生连锁反应，分裂出更多的碎片。

太空垃圾对人类的危害

太空垃圾不仅危及航天器安全，还影响人类的日常生活，坠落时会对地面安全构成威胁。2007年，一架由智利飞往新西兰的民航客机，在南太平洋上空险遭太空垃圾击中。这块垃圾是从一艘俄罗斯的废弃飞船上脱落的。

首张
地球自拍照

档案

名称：首张地球自拍照
发现时间：1946 年
类别：航天行为
特点：画面虽然模糊，却弥足珍贵，人类第一次知道了地球的样子

1946年10月24日，美国海军实验室发射了一枚V-2火箭到105千米的高空，用来观测来自太阳的紫外线。火箭携带了一台35毫米黑白胶片相机，拍摄了数张地球照片。这是V-2火箭第一次应用在太空研究上，开启了太空科学研究新的一页。虽然美国发射的V-2火箭成功率只有68%，但科学家利用V-2火箭进行了大量尝试，完成了地球大气垂直各水平面的空气采样，确定了不同高度的大气压。V-2火箭还被改造为载人飞行试验

载具，并搭载猴子一类的动物升空，为美国载人航天探索铺平了道路。

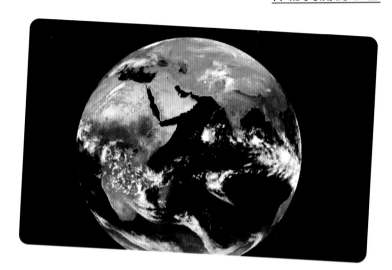

人类首张太空自拍照

1966年11月，美国国家航空航天局宇航员巴兹·奥尔德林在"阿波罗11号"月球漫步任务中，在太空拍下世界上第一张人类太空自拍照。据了解这张照片最后被拍卖。

惊险的

太空行走

人类乘飞船到太空飞行不易，到飞船之外的茫茫太空行走更是如履薄冰，十分危险。因为人离开飞船座舱进入宇宙空间，不仅要克服失重、真空给人体活动带来的困难，而且还要战胜高温、高寒和辐射对人体的影响。同时，人步入敞开的空间，离开飞船活动，一旦与飞船失去联系，或出现其他意外，那么人就可能成为一颗"人体卫星"被抛入太空，再不能返回地球。1965年3月18日，苏联航天员列昂诺夫离

开"上升2号"飞船密封舱，系着安全带第一次实现到茫茫太空行走。

　　这确实是飞行员的一小步，人类的一大步。为了这一刻，列昂诺夫准备了很久，他用特制的绳索将自己和飞船连接起来，这是最可靠的方式，但也有很大的局限性，就是不能离飞船太远，否则就会被甩开。列昂诺夫说："8分钟后，我明显感到宇航服的变化……我的指尖感受不到手套的存在，我的脚在靴子里晃荡，我甚至无法按到相机的快门。"短短几分钟，他的体重减轻了近5千克，但最终成功返回飞船。

　　同年6月3日，美国航天员怀特也走出飞船的密封舱，在太空行走了23分钟。他们开创了人类太空行走的先河。

2008年9月25日，"神舟七号"载人飞船顺利升空，成为中国航天事业发展史上的又一座里程碑。9月27日16时41分，中国航天员翟志刚身穿中国研制的"飞天"舱外航天服，打开"神舟七号"载人飞船轨道舱舱门，首度实施空间出舱活动，茫茫太空第一次留下中国人的足迹。中国人的第一次太空行走共进行了19分35秒，翟志刚在舱外飞过了9165千米。

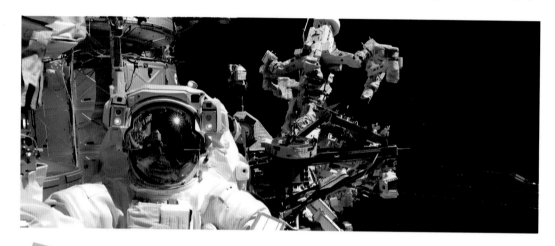

女航天员的第一次太空行走

2021年11月7日，神舟十三号的三名航天员相互配合，成功完成了历史性的任务——首次女性航天员太空出舱。在这次任务中，航天员王亚平穿上了新款航天服，其胸前的五星红旗清晰可见。这标志着中国女性在太空领域迈出了重要的一步，也是无数科研团队辛勤工作的成果。在接受采访时，王亚平表示自己感觉良好。这次历史性时刻的实现离不开整个团队的努力和付出。